John J. García
Esteban Posada
Alejandro Tissnesh

Determinantes de la oferta de vivienda nueva

John J. García
Esteban Posada
Alejandro Tissnesh

Determinantes de la oferta de vivienda nueva

El caso de Medellín, Colombia

Editorial Académica Española

Impressum / Aviso legal

Bibliografische Information der Deutschen Nationalbibliothek: Die Deutsche Nationalbibliothek verzeichnet diese Publikation in der Deutschen Nationalbibliografie; detaillierte bibliografische Daten sind im Internet über http://dnb.d-nb.de abrufbar.
Alle in diesem Buch genannten Marken und Produktnamen unterliegen warenzeichen-, marken- oder patentrechtlichem Schutz bzw. sind Warenzeichen oder eingetragene Warenzeichen der jeweiligen Inhaber. Die Wiedergabe von Marken, Produktnamen, Gebrauchsnamen, Handelsnamen, Warenbezeichnungen u.s.w. in diesem Werk berechtigt auch ohne besondere Kennzeichnung nicht zu der Annahme, dass solche Namen im Sinne der Warenzeichen- und Markenschutzgesetzgebung als frei zu betrachten wären und daher von jedermann benutzt werden dürften.

Información bibliográfica de la Deutsche Nationalbibliothek: La Deutsche Nationalbibliothek clasifica esta publicación en la Deutsche Nationalbibliografie; los datos bibliográficos detallados están disponibles en internet en http://dnb.d-nb.de.
Todos los nombres de marcas y nombres de productos mencionados en este libro están sujetos a la protección de marca comercial, marca registrada o patentes y son marcas comerciales o marcas comerciales registradas de sus respectivos propietarios. La reproducción en esta obra de nombres de marcas, nombres de productos, nombres comunes, nombres comerciales, descripciones de productos, etc., incluso sin una indicación particular, de ninguna manera debe interpretarse como que estos nombres pueden ser considerados sin limitaciones en materia de marcas y legislación de protección de marcas y, por lo tanto, ser utilizados por cualquier persona.

Coverbild / Imagen de portada: www.ingimage.com

Verlag / Editorial:
Editorial Académica Española
ist ein Imprint der / es una marca de
OmniScriptum GmbH & Co. KG
Heinrich-Böcking-Str. 6-8, 66121 Saarbrücken, Deutschland / Alemania
Email / Correo Electrónico: info@eae-publishing.com

Herstellung: siehe letzte Seite /
Publicado en: consulte la última página
ISBN: 978-3-659-05546-1

TABLA DE CONTENIDO

LISTA DE GRÁFICOS

LISTA DE TABLAS

LISTA DE ANEXOS

1. INTRODUCCIÓN

El sector de la construcción es uno de los que mejor dinamiza una economía, no solo por su efecto en términos de empleo, sino también por su impacto en competitividad. Colombia como país emergente ha tenido grandes avances en los últimos años en crecimiento en el sector construcción, específicamente en edificaciones, es el caso del Valle de Aburrá donde solo basta observar la gran cantidad de oferta de vivienda medido en términos de publicidad y vallas anunciando proyectos inmobiliarios que buscan satisfacer las necesidades de los hogares existentes. Existen estadísticas que confirman el crecimiento del sector en general, como lo son el PIB de la construcción en Colombia al cierre del 2011, el cual presentó un incremento del 5.7%, respecto al año inmediatamente anterior, cifra consecuente con el 5.9% de crecimiento del sector al cierre del mismo año (CAMACOL, 2012).

Existen ciertos interrogantes al intentar explicar las causas de este crecimiento, más allá de la intervención de la política pública en términos de subsidios y bajas tasa de interés o para el caso de la oferta por disminuciones de los costos de construcción, que está relacionado con el efecto que tiene el crecimiento demográfico sobre la oferta de vivienda.

El crecimiento demográfico ha sido una constante preocupación entre los formuladores de política pública, en busca de satisfacer las necesidades de la población y generar un desarrollo sostenible de acuerdo a la utilización de recursos. En el caso de la región metropolitana del Valle de Aburrá, se observa una disminución de la tasa de crecimiento poblacional de 1,25 puntos porcentuales por cada 10 años, al pasar de una tasa de 3,01% entre los censos 1985-1993 a una tasa de 1,76% entre los Censos 1993-2005. Se observa también diferencias marcadas en la dinámica poblacional de los municipios entre las áreas rurales y urbanas relacionadas fundamentalmente con la movilidad espacial (Observación, 2010).

En el siglo XX, dicha movilidad correspondió a las migraciones del campo a la ciudad, y los desplazamientos interregionales evidenciados en las ocupaciones ilegales que se aprecian en algunas zonas de la ciudad en lotes baldíos con estructuras levantadas sin ningún tipo de norma técnica que sirven de resguardo a quienes les afecta la violencia en el campo. Otras de las causas de estos desplazamientos fueron el intenso proceso de urbanización, la industrialización, el auge del comercio y los servicios, la concentración de la propiedad y los desequilibrios regionales, causados por la reducción de oportunidades y de desarrollo económico y las economías de aglomeración.

Entre los periodos 1964 y 2005, la población del Valle de Aburrá, se triplicó al pasar de 1.110.908 a 3.306.490 habitantes, en 1964 el 44% de la población de Antioquia se ubicaba en la Región Metropolitana; mientras que en el 2005 la proporción había pasado al 58% (censo realizado en el 2005), de los cuales el 52% había nacido fuera del Valle de Aburrá (DANE, 2013).

Estas cifras permiten mostrar el alto nivel de migraciones de personas, de otros muncipios al Valle de Aburá, lo que se traduce en un aumento en la demanda de vivienda, donde las proyecciones de población arrojan una estimación de 4.389.585 personas en el Valle de Aburrá, 844.883 personas más entre 2010 y 2030 a un ritmo de 1 por ciento anual y con mayor dinámica en la zona urbana de los extremos de la región, como lo son los municipios de Bello, Envigado e Itagüí (Observación, 2010).

En foros y demás encuentros de constructores poco se habla de crecimiento poblacional como determinante de la oferta de proyectos inmobiliarios, siendo los principales temas de discusión los costos de construcción, el desempleo, la tasa de interés y el PIB. Existe adicionalmente otra variable que pudiera tomar relevancia en épocas donde se da paso a esquemas de ventas sobre planos, donde los potenciales compradores ponen a prueba su capacidad de pago de cuotas iniciales a lo largo del tiempo y más aún, donde posteriormente serán cautivados por el sistema financiero en la aprobación de créditos hipotecarios, incorporando así la cartera vencida, como otro indicador poco estudiado como determinante de la oferta de vivienda.

Surge entonces la siguiente pregunta como eje central de este escrito: ¿El crecimiento demográfico y la cartera vencida al igual que las variables: costos de construcción, PIB, inflación, desempleo y tasa de interés han sido determinantes en la oferta de vivienda nueva en la ciudad de Medellín?

El objetivo general de este trabajo es analizar los determinantes en la oferta de vivienda nueva en Medellín en el periodo comprendido entre 2001 y 2011. Entidades del sector constructor, como Lonja y CAMACOL, han abordado a lo largo del tiempo mediante modelos econométricos la relevancia o no de variables como el ingreso, el desempleo, la tasa de interés, desembolsos de crédito hipotecario y los costos de construcción. Sin embargo, no se encontró evidencia de estudios que involucren el crecimiento demográfico y la cartera vencida. Por tanto el valor agregado de este trabajo consiste en explorar otras variables, particularmente la demografía y la cartera vencida, como determinantes de la oferta de vivienda, haciendo uso de un modelo de Vectores Autorregresivos Estructural (SVAR) que permita, posterior a la determinación de algunas restricciones, proveer un marco de las interacciones entre las variables estudiadas. En estas interacciones se observa una alta relación entre los costos de construcción y los precios finales de la oferta, así como una relación inversa entre las tasas de interés y el mercado de vivienda. Las predicciones de precios confirman la necesaria interacción entre los precios de oferta y demanda que determinan el precio de mercado.

Los objetivos específicos de este trabajo son:
- Revisar el comportamiento del sector de la construcción de vivienda nueva en Medellín durante el periodo comprendido entre 2001 y 2011.
- Determinar mediante un modelo econométrico, SVAR, la significancia de las variables: costos de construcción, PIB, inflación, desempleo, tasa de interés, demografía y cartera vencida en la oferta de vivienda nueva en Medellín, así como las relaciones existentes entre ellas y su

4

papel en términos de elasticidades en el crecimiento del sector construcción. El modelo econométrico que se utiliza es un modelo de vectores autorregresivos estructural (SVAR), donde se establecen algunas restricciones de acuerdo a la teoría económica buscando un mayor ajuste a las interacciones de las variables que explican la oferta de vivienda.

El escrito está organizado de la siguiente manera: después de la introducción, donde se establece el planteamiento del problema y los objetivos tanto generales como específicos, se presenta la revisión de la literatura relacionada con el tema objeto de estudio, el cual además describe el funcionamiento del sector. La sección tres presenta la metodología, los datos y las variables utilizadas. En la sección cuatro se describen los resultados encontrados y por último se hace alusión a algunas conclusiones y recomendaciones.

2. REVISIÓN DE LITERATURA

La economía colombiana en los últimos dos años se ha fortalecido aún en momentos cuando economías desarrolladas como los Estados Unidos y los países de la Unión Europea pasan por momentos de bastante turbulencia. Según el informe de cuentas departamentales del DANE (2012) el crecimiento de la economía colombiana al cierre del 2011 fue de 5,9%, cifra que refleja un rápido crecimiento luego de experimentar pequeñas variaciones en su PIB nacional de 1,7% en 2009.

Gran parte de ese crecimiento es explicado por el dinamismo de Antioquia con participaciones sostenidas en los últimos 10 años entre el 13% y 14% del PIB nacional (DANE, 2012), siendo el segundo departamento con mayor participación porcentual por debajo de Bogotá D.C.

En la Tabla 1, cuentas departamentales porcentuales del PIB departamental, precios corrientes, se puede observar la participación departamental en el PIB nacional, donde es claro que las tres ciudades más importantes de Colombia han tenido crecimientos de dos dígitos, Bogotá con un crecimiento para 2011 de 24,5%, Valle aunque termina el 2011 con crecimiento de un digito ha tenido comportamientos alrededor del 10% durante los últimos años, y Antioquia con un 13% para 2011. Estas cifras muestran la importancia de Antioquia en el progreso económico del país generando gran impacto en el PIB nacional.

Tabla 1. Cuentas departamentales porcentuales del PIB departamental, precios corrientes

DEPARTAMENTOS	2000	2001	2002	2003	2004	2005	2006	2007	2008	2009	2010	2011
Amazonas	0,1	0,1	0,1	0,1	0,1	0,1	0,1	0,1	0,1	0,1	0,1	0,1
Antioquia	14,0	13,8	13,8	13,6	14,1	14,0	13,8	13,9	13,5	13,4	13,2	13,0
Arauca	0,9	0,6	0,8	0,9	0,7	1,0	1,0	1,0	1,2	1,0	0,9	1,0
Atlántico	4,3	4,2	4,2	4,0	4,0	4,1	4,0	4,2	4,0	4,0	3,8	3,7
Bogotá D. C.	26,5	26,7	27,0	26,7	26,5	26,3	26,1	26,0	25,5	26,0	25,5	24,5
Bolívar	3,4	3,5	3,4	4,0	4,1	3,9	4,1	4,1	4,0	3,9	4,0	4,0
Boyacá	2,7	2,7	2,7	2,7	2,6	2,6	2,6	2,7	2,8	2,8	2,7	2,8
Caldas	1,7	1,7	1,8	1,8	1,7	1,7	1,7	1,7	1,6	1,6	1,6	1,5
Caquetá	0,5	0,5	0,4	0,5	0,4	0,4	0,4	0,4	0,4	0,4	0,4	0,4
Casanare	3,2	2,7	2,3	2,5	2,0	2,0	1,9	1,6	1,9	1,7	1,8	2,2
Cauca	1,3	1,4	1,4	1,4	1,5	1,4	1,4	1,4	1,4	1,4	1,5	1,4
Cesar	1,4	1,5	1,6	1,7	1,8	1,9	1,9	1,8	2,0	2,0	1,9	2,1
Chocó	0,3	0,3	0,3	0,4	0,4	0,4	0,4	0,3	0,4	0,4	0,5	0,6
Córdoba	2,0	2,0	1,9	2,1	2,2	2,1	2,2	2,4	1,9	1,9	1,9	1,7
Cundinamarca	5,2	5,5	5,5	5,5	5,2	5,2	5,1	5,1	5,0	5,1	5,0	4,9
Guainía	0,0	0,0	0,0	0,0	0,0	0,0	0,0	0,0	0,0	0,0	0,0	0,0
Guaviare	0,1	0,1	0,1	0,1	0,1	0,1	0,1	0,1	0,1	0,1	0,1	0,1
Huila	1,9	1,8	1,8	1,7	1,9	1,8	1,8	1,7	1,8	1,8	1,8	1,9
La Guajira	0,9	1,1	0,9	1,0	1,1	1,2	1,2	1,1	1,3	1,3	1,2	1,3
Magdalena	1,3	1,4	1,4	1,4	1,3	1,4	1,3	1,3	1,4	1,4	1,4	1,3
Meta	2,0	1,9	1,9	1,9	2,1	2,2	2,4	2,3	3,0	3,2	4,2	5,4
Nariño	1,5	1,5	1,5	1,6	1,6	1,6	1,6	1,6	1,5	1,6	1,5	1,5
Norte Santander	1,7	1,7	1,8	1,8	1,7	1,6	1,7	1,7	1,7	1,8	1,7	1,7
Putumayo	0,4	0,3	0,3	0,3	0,3	0,3	0,3	0,3	0,4	0,4	0,5	0,5
Quindío	1,0	1,0	0,9	0,8	0,8	0,8	0,8	0,8	0,8	0,8	0,8	0,7
Risaralda	1,6	1,6	1,5	1,5	1,6	1,6	1,6	1,6	1,5	1,5	1,5	1,5
San Andrés	0,2	0,2	0,2	0,2	0,2	0,2	0,2	0,2	0,1	0,2	0,1	0,1
Santander	5,7	5,9	6,0	6,1	6,4	6,8	7,0	7,1	7,3	6,8	7,3	7,3
Sucre	0,8	0,8	0,8	0,8	0,8	0,8	0,8	0,8	0,8	0,8	0,8	0,7
Tolima	2,4	2,5	2,4	2,3	2,3	2,3	2,3	2,4	2,4	2,3	2,2	2,2
Valle	10,9	10,9	10,9	10,7	10,5	10,2	10,3	10,4	10,0	10,2	10,0	9,6
Vaupés	0,0	0,0	0,0	0,0	0,0	0,0	0,0	0,0	0,0	0,0	0,0	0,0
Vichada	0,1	0,1	0,1	0,1	0,1	0,1	0,1	0,1	0,1	0,1	0,1	0,1

Fuente: DANE - Cuentas Departamentales.

7

El sector constructor siempre ha sido un jugador importante del crecimiento económico, no solo como generador de empleo, sino como demandante de grandes cantidades de materias primas como acero y cemento, es por ello que cuando se observa una desaceleración del sector, también se espera que la economía agregada se contraiga.

Para CAMACOL (2008) la construcción despertó el interés de los académicos y expertos luego de la crisis de los noventa que afectó de manera muy significativa el sector y por ende la economía, de allí surgen estudios que abordan los determinantes de la oferta edificadora como es el caso de Clavijo, Janna y Muñoz (2004) quienes utilizan un modelo econométrico tomando el periodo comprendido entre 1991 y 2004 para explicar los determinantes de la demanda y oferta de vivienda en Colombia bajo estimaciones de las ecuaciones de oferta y demanda, sus resultados apuntan a que variables como el ingreso, el precio, el desempleo y la tasa de interés hipotecaria son relevantes en la demanda de vivienda con elasticidades de 1.5, -1.8, -1.4 y -0.28, respectivamente. Para el caso de la oferta los autores encontraron una alta elasticidad de 2.28 de los precios de la vivienda respecto a los costos de construcción, siendo este último una de las variables más importantes para determinar la oferta de vivienda.

Contrario resultan las conclusiones de Cárdenas y Hernández (2006) durante el periodo 1985 y 2005, que no encuentran evidencia en los costos de construcción como determinante de la oferta mediante tres regresiones lineales, sus resultados le atribuyen los cambios de la oferta a la cantidad de desembolsos de créditos hipotecarios, al costo del crédito, el ingreso, el desempleo y las remesas. Es importante considerar que la metodología utilizada, no es la más apropiada, se trata de regresiones estimadas por Mínimos Cuadrados Ordinarios (MCO) y por tanto puede presentar problemas en las estimaciones.

Por su parte, CAMACOL (2008) en sus informes económicos ha abordado el estudio de las variables que afectan la variación de la oferta edificadora en el país, medida en términos de licencias de construcción, en su informe determinantes de la actividad edificadora 2008 encuentra, bajo estimaciones de ecuaciones de oferta y demanda, que las variables relacionadas con los desembolsos hipotecarios, la tasa de interés, el desempleo y el índices de costos de construcción, son determinantes en la oferta de vivienda medida en términos de área licenciada, concluyen también que el ingreso de los hogares y las remesas no son significativas. Este resultado lo confirma en el informe ciclos económicos de la actividad edificadora en el mundo y en Colombia (2009), donde además de la significancia de las mismas variables encontradas concluye que la tasa de interés del sistema crediticio tomó relevancia luego de la crisis financiera de los años 90´s.

Finalmente Saldarriaga (2006), tomando como variable dependiente el área aprobada, encuentra estadísticamente significativa para explicar la oferta de vivienda, variables como la tasa de interés, el crédito hipotecario y la inflación.

CARACTERIZACIÓN DEL SECTOR

El sector constructor como se mencionó anteriormente es un importante dinamizador de la economía, es una industria que requiere mano de obra no especializada impactando significativamente el empleo, es un sector del que se benefician otros sectores asociados a la construcción generando así mayor progreso económico, lo cual genera mayor ingreso disponible y mayor bienestar para las personas. En el flujo 1, progreso económico, se muestra la simple relación entre el progreso económico y el ingreso disponible, donde evidentemente mayor progreso económico genera un impacto positivo en el ingreso.

Flujo 1. Progreso Económico

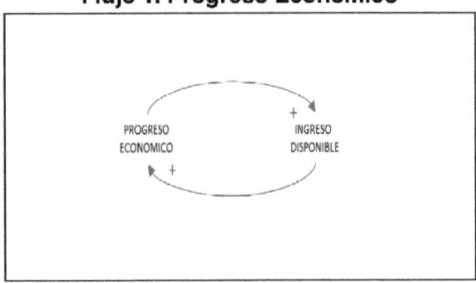

Fuente: Elaboración propia.

El progreso económico también se ve impactado por los ciclos económicos, donde habrá períodos de aumentos del nivel de la actividad económica, teniendo expansiones que ocurren aproximadamente al mismo tiempo en muchos sectores económicos, seguidos por etapas de caídas del nivel general de la actividad: recesiones, que se funden con la fase de expansión del ciclo siguiente.

10

El ciclo económico es el patrón más regular de recuperación y recesión de la actividad económica en torno a la senda de crecimiento tendencial. En una cima cíclica, la actividad económica es elevada en relación con la tendencia y en un fondo cíclico, se alcanza el punto mínimo de la actividad económica. La inflación, el crecimiento y el desempleo muestran claros patrones cíclicos.

En Colombia los ciclos económicos también han mostrado momentos de clara expansión y contracción económica causada, en algunos casos, por situaciones exógenas como el conflicto armado, donde las extorsiones a los empresarios deterioran la inversión interna o externa, así como la crisis de los mercados internacionales en 2008 y 2009.

En el Gráfico 1, ciclos económicos de la economía y de la construcción medida por cambios en el PIB, se puede observar claramente como la tendencia del PIB nacional está estrechamente relacionada con la tendencia del PIB de la construcción y sus ciclos económicos se comportan de manera similar.

Las razones son obvias por tratarse de un sector que promueve el desarrollo tanto en obras civiles como en edificaciones. Para enfrentar los ciclos y buscar retomar la senda del crecimiento el gobierno aplica políticas que afectan directamente la demanda agregada en términos de consumo, como los subsidios a la tasa hipotecaria, logrando dinamizar la construcción, situaciones que motivan al sector financiero a flexibilizar sus políticas de riesgo y aumentar los desembolsos dirigidos a la compra de vivienda nueva.

Gráfico 1. Ciclos económicos de la economía y de la construcción medida por cambios en el PIB

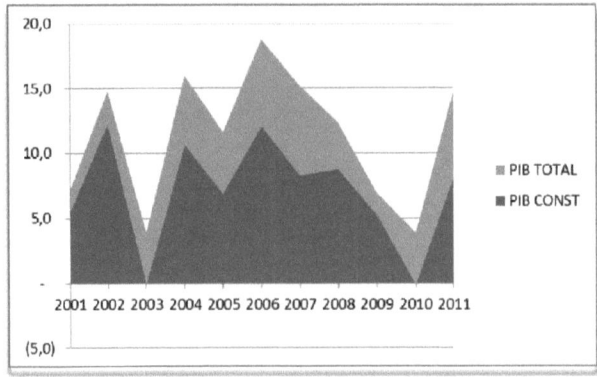

Fuente: Camacol - Ciclos Económicos, 2012.

Los ciclos aportan una evidencia de la dinámica del sector con caídas y ascensos pero si se comparan con otras ramas de la actividad puede verse como el sector de la construcción ha crecido por encima de los cambios observados en el PIB nacional, llamando la atención años como 2002 en el que se presenta una variación superior de casi el 10% frente al crecimiento del PIB nacional, y el año 2010 donde la construcción a diferencia de los demás sectores tiene un decrecimiento de 1,7% explicado por situaciones exógenas y no propias de la dinámica del sector como desvíos de recursos públicos.

En la tabla 2, variación porcentual por grandes ramas de actividad, se observan las variaciones por sectores. Para el segundo trimestre de año 2012 la dinámica del sector construcción tuvo saltos importantes comparado con el mismo periodo del año 2011, donde se evidencia un crecimiento en el PIB muy superior a los demás sectores con una cifra del 18,4%, explicado por el buen comportamiento de las obras civiles y las edificaciones con crecimientos del 20,9% y 16,2%, respectivamente (DANE, 2012).

Tabla 2. Variación porcentual por grandes ramas de actividad

Año	Agricultura Ganadería	Explotación de minas	Industria	Electricidad, gas y agua	Construcción	Comercio	Trans, Comúnic.	Serv. finan	Serv. social	Imp.	PIB Nal
2001	1,8	-8,3	2,9	3,2	5,5	2,9	3,3	1,2	1,3	3,2	1,7
2002	4,6	-1,8	2,1	0,8	12,3	1,5	2,8	3,0	1,7	0,7	2,5
2003	3,1	1,7	4,9	4,5	8,3	3,7	4,5	3,9	2,0	5,4	3,9
2004	3,0	-0,9	7,9	3,5	10,7	7,1	7,6	4,6	4,1	4,7	5,3
2005	2,8	4,1	4,5	4,1	6,9	5,0	7,8	5,0	3,5	4,9	4,7
2006	2,4	2,4	6,8	4,8	12,1	7,9	10,8	6,4	4,4	11,0	6,7
2007	3,9	1,5	7,2	4,1	8,3	8,3	10,9	6,8	5,0	11,6	6,9
2008	-0,4	9,7	0,5	0,5	8,8	3,1	4,6	4,5	2,6	4,3	3,5
2009	-0,7	11,1	-4,1	1,9	5,3	-0,3	-1,4	3,1	4,4	-1,7	1,7
2010	1,0	12,3	2,9	1,2	-1,7	5,1	5,0	2,9	4,8	6,4	4,0
2011	2,1	14,5	4,1	1,7	5,5	6,0	6,7	5,9	3,2	10,5	5,9

Fuente: DANE-Cuentas nacionales departamentales, 2012

En la tabla 3, comportamiento del PIB por actividad económica 2012 / 2011, se observa el comportamiento del PIB por ramas de la actividad económica para el segundo trimestre del año 2012, comparado con el mismo periodo del año 2011, es clara la gran diferencia en la dinámica de la construcción comparado con sectores como el de la industria

13

manufacturera que decrece un 0,6% y con crecimientos por debajo del 4% en sectores como agricultura, electricidad, comercio y servicios sociales.

Tabla 3. Comportamiento del PIB por actividad económica 2012 / 2011

Ramas de actividad	Variación porcentual
Agricultura, ganadería, caza, silvicultura y pesca	2,2
Explotación de minas y canteras	8,5
Industrias manufactureras	-0,6
Suministro de electricidad, gas y agua	3,6
Construcción	18,4
Comercio, reparación, restaurantes y hoteles	4,3
Transporte, almacenamiento y comunicaciones	3,6
Establecimientos financieros, actividades inmobiliarias y servicios	5,1
Actividades de servicios sociales, comunales y personales	3,9
Subtotal valor agregado	4,8
Total impuestos	5,4
PIB	4,9

Fuente: DANE – Dirección de Síntesis y Cuentas Nacionales – Comunicado de prensa 2012.

Es claro la importancia del sector constructor en el desempeño del país, y es ese desempeño el que determina otras variables que terminan beneficiando o no al sector, como es el caso de la tasa de interés. En el flujo 2, impacto tasas de interés, se muestra cómo impacta el progreso económico la tasa de interés del sistema financiero, esto es, dado un alto progreso económico las tasas de interés tienden al alza, mientras que en periodos de depresión económica la tasa tienden a disminuir para incentivar el consumo de los hogares, todo esto incentivado a través de políticas monetarias.

Flujo 2. Impacto tasas de interés

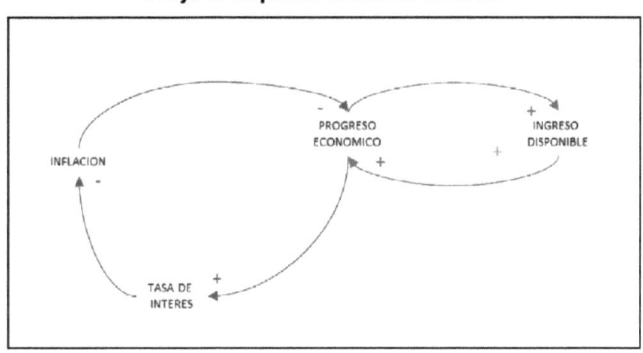

Fuente: Elaboración propia.

Las tasas de interés tienen además un impacto en la inflación que para el caso de la oferta afecta de manera directa en los costos de construcción, los cuales influyen de manera directa en la rentabilidad de los proyectos de construcción, si bien podrían calzarse en un mayor precio de oferta el mercado tiene un límite de precio a los cuales la demanda del consumidor está dispuesta a aceptar. En el flujo 3 se muestra esta relación donde a mayor inflación habrá un menor margen de utilidad donde podría afectar el número de proyectos que los constructores estarían dispuestos a lanzar afectando el nivel de empleo, lo que a su vez impacta el ingreso disponible y el progreso económico.

Flujo 3. Impacto Costos de construcción

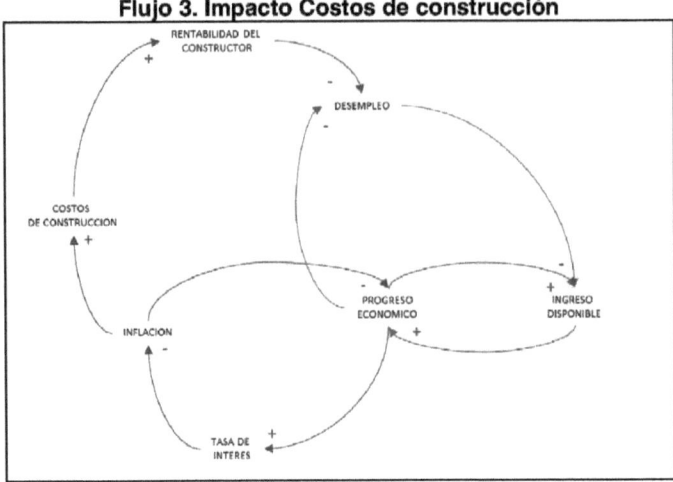

Fuente: Elaboración propia.

Se estima que una variación del 1% en el costo de construcción puede incidir en el 0,46% en el precio de la vivienda (CAMACOL, 2012). En el gráfico 2, índice de costos de producción, se muestra la variación para el periodo de estudio, en el cual se puede observar una caída entre 2008 y 2009, simultáneamente con un aumento en el costo financiero y baja oferta de metros cuadrados para la venta.

Gráfico 2. Índice de costos de producción

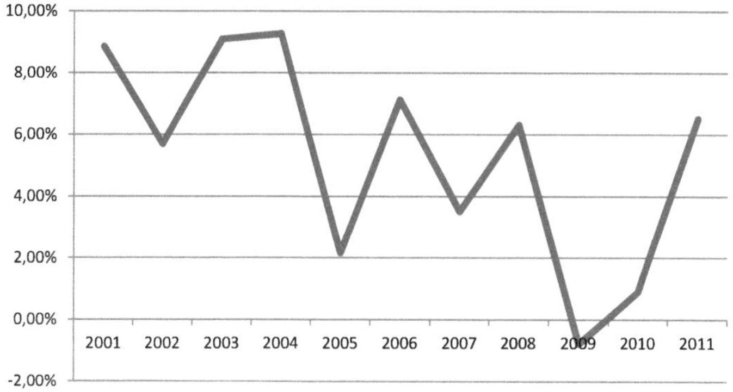

Fuente: DANE – ICCV. 2012

Como se mencionó anteriormente el comportamiento de la DTF afecta directamente en la oferta, fundamentalmente en los costos indirectos de construcción medido a través de los costos financieros, lo que influye sobre la disposición del constructor a aumentar su oferta, aunque en menor medida, ya que el peso de estos sobre el costo total del proyecto es bajo en comparación con el costo directo de construcción.

En el gráfico 3, evolución de la DTF, se presenta la evolución de este indicador en el periodo 2001 a 2011, es claro el buen comportamiento de la DTF con una tendencia decreciente, explicado por el buen desempeño de la economía colombiana en los últimos años. Sin embargo, se presentaron periodos de reducción de la tasa de interés influenciados por políticas monetarias expansivas para incentivar el consumo, como es el caso de los años 2006 y 2010. Caso contrario ocurrió en 2009 donde se evidenció una política monetaria contractiva, debido a que se buscaba reducir la cantidad de dinero circulante en la economía, y esto, a su vez incrementó la DTF.

Gráfico 3. Evolución de la DTF

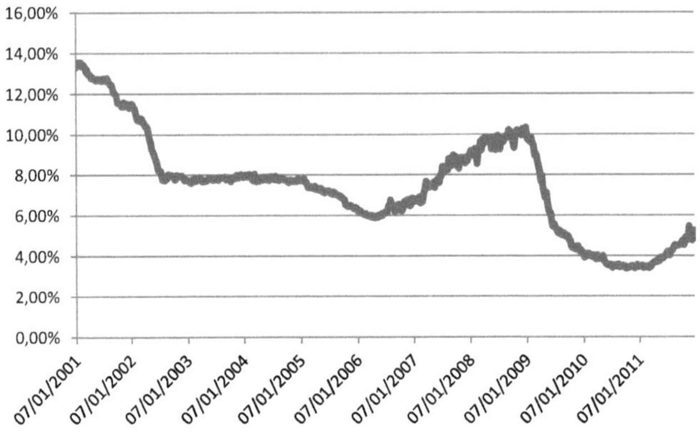

Fuente: Banco de la Republica, 2012.

En el gráfico 4, comportamiento del desempleo, se evidencia la tendencia decreciente en la tasa de desempleo en Colombia, con reducciones importantes, incluso en algunos años cayendo en niveles de un solo dígito. Entre 2001 y 2011 la tasa de desempleo se ha reducido en niveles cercanos al 50%.

Gráfico 4. Comportamiento del desempleo

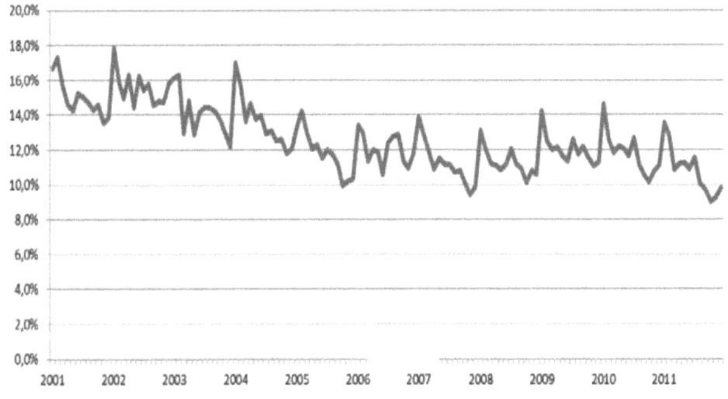

Fuente: DANE - Gran Encuesta Integrada de Hogares, 2012.

Este indicador de desempleo, igual que el comportamiento de la DTF da idea al constructor si es o no un buen momento para iniciar sus proyectos inmobiliarios y si la economía agregada es un buen aliado para el buen desarrollo del negocio inmobiliario.

De acuerdo al dinamismo de la economía y del sector construcción, el consumidor decide si adquiere o no vivienda y si está en capacidad de cumplir con los flujos necesarios para adquirir su vivienda, que en algunos casos es motivado por encontrar un retorno importante a su inversión o en otros por mejorar su vivienda actual por una de mejor calidad. La inversión o el mejoramiento de calidad de la vivienda son dos motivaciones que impulsan a los constructores a incrementar las solicitudes de licencia y los metros construidos en el mercado inmobiliario. El flujo 4, impacto metros cuadrados construidos, muestra la relación de estas variables.

Flujo 4. Impacto metros cuadrados construidos

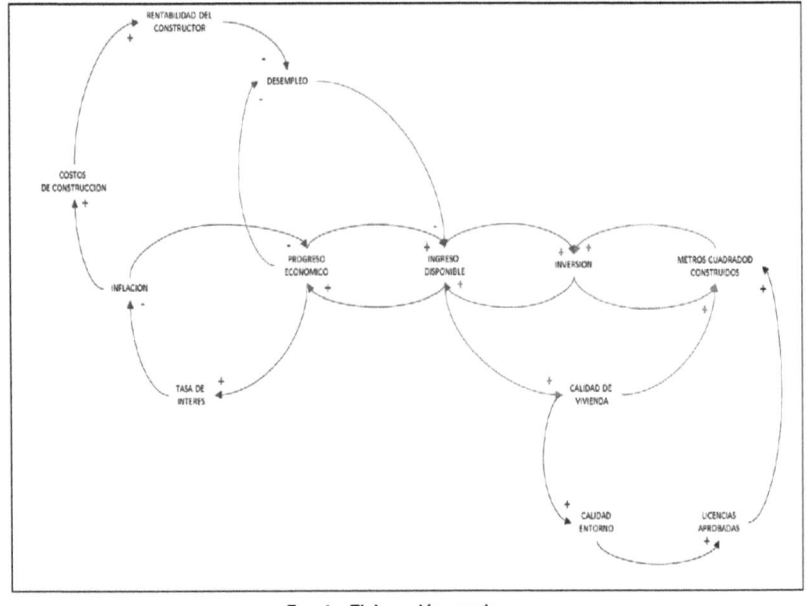

Fuente: Elaboración propia.

En términos de área aprobada para vivienda, Antioquia sobresale por encima de Bogotá con variaciones del 11,3% en los últimos doce meses, a septiembre de 2012, comparado con descensos del 49,1% en la capital colombiana y del 19% en el total del país.

En septiembre de 2012 el país experimentó un aumento del 7,8% en el área aprobada. Sin embargo, Antioquia mostró un comportamiento negativo del 0,7% comparado con Bogotá y Valle que mostraron excelentes resultados (DANE, 2012), ver tabla 4.

Tabla 4. Variación porcentual de área aprobada para vivienda, septiembre 2012

Departamentos	Anual	Año corrido	12 meses	Mensual
Antioquia	-48,7	-1,5	11,3	-0,7
Arauca	-4,8	-43,9	-17,8	-40,4
Atlántico	40,3	40,7	73,0	42,3
Bogotá	90,4	-40,7	-49,1	-11,1
Bolívar	424,8	57,3	107,9	2.773
Boyacá	-4,7	-7,2	3,3	63,7
Caldas	-14,8	-32,3	-22,5	-36,1
Caquetá	35,2	41,4	22,6	-8,1
Cauca	-54,7	-14,1	-1,0	5,6
Casanare	-69,1	-65,8	-44,4	21,5
Cesar	-73,0	51,7	19,8	-96,0
Córdoba	-55,3	115,6	144,9	40,6
Cundinamarca	-48,7	-54,1	-30,6	-46,0
Chocó	92,3	12,1	6,0	-20,5
Huila	-51,0	2,0	5,1	15,2
La Guajira	5.781,0	469,9	417,1	3.109
Magdalena	16,4	54,1	57,4	26,8
Meta	22,0	-22,1	-31,6	-38,8
Nariño	57,4	43,9	31,3	-5,8
Norte de Santander	-66,0	3,7	17,4	-2,6
Quindío	-74,2	-26,0	-18,7	-33,1
Risaralda	503,3	-1,0	17,7	22,0
Santander	32,3	-13,9	-3,3	183,3
Sucre	-1,3	-0,8	-22,9	-54,6
Tolima	-15,1	-12,2	6,0	182,6
Valle	-32,3	-52,7	-46,7	-21,5
Total	-1,1	-24,1	-19,1	3,5

Fuente: DANE – Boletín de Prensa publicado 19 de noviembre de 2012.

Aunque el departamento de Antioquia muestra buenos resultados relacionados con las licencias, el municipio de Medellín muestra variaciones negativas del 78,6% en los últimos doce meses a septiembre de 2012 y del 57,3% entre agosto y septiembre de 2012 (DANE, 2012).

En el gráfico 5, área total licenciada en 77 municipios, septiembre 1999 – 2012, se observa la evolución de los metros cuadrados aprobados. Dos conclusiones pueden enunciarse de este: la primera y más evidente, cuando se compara el total del área licenciada de 2012 con lo observado en 1999, se presenta una tendencia creciente con variaciones cercanas al 50%, tanto en las licencias de viviendas como en el total del sector. La segunda, se observan caídas en los años 2001 y 2009, causadas por la crisis de finales de la década de los 90 y la crisis de los suprime en EEUU en 2008.

Gráfico 5. Área total licenciada en 77 municipios, septiembre 1999 - 2012

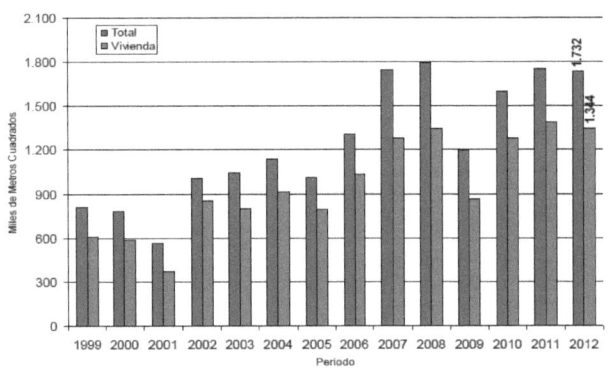

Fuente: DANE - Dirección de Metodología y Producción Estadística, 2012

Es claro que el buen desempeño de la economía medido desde sus principales variables macroeconómicas (desempleo, inflación, PIB, tasa de

22

interés) es y será siempre significativo para motivar o no a un constructor a lanzar sus proyectos inmobiliarios. Finalmente como se mencionó anteriormente, en términos del mercado inmobiliario variables como metros cuadrados construidos y costos de construcción despiertan interés del constructor por ser los insumos principales en la elaboración de factibilidades y estudios de mercado que finalmente determinan los precios de la oferta de vivienda.

Finalmente dos variables objeto de estudio se involucran en el análisis, la cartera vencida y crecimiento demográfico, en el Flujo 5, diagrama mercado de vivienda, se muestra como el crecimiento demográfico influye en los metros cuadrados construidos, conjuntamente con la inversión y el cambio de vivienda buscando una mayor calidad. El crecimiento demográfico para el periodo de estudio tiene variaciones muy bajas siendo las familias de estratos bajos las que más crecen en términos de número de integrantes y que normalmente no tienen acceso a vivienda ni al sistema financiero.

La cartera vencida por su parte se entiende como un stock que cambia, no solo por los pagos o recuperaciones que haga el sistema financiero vía ingreso de efectivo, sino también por venta de cartera o reestructuraciones a largo plazo. Sin embargo, la calidad de la cartera es un indicador importante para los bancos a la hora de flexibilizar sus políticas de riesgo, el cual se refleja en un mayor o menor monto de desembolsos (préstamos hipotecarios) y que ayuda al consumidor a mejorar su ingreso disponible, que complementado con subsidios, que en muchas ocasiones otorgan los gobiernos para incentivar la demanda agregada, ayudan a dinamizar el mercado inmobiliario.

Flujo 5. Diagrama mercado de vivienda

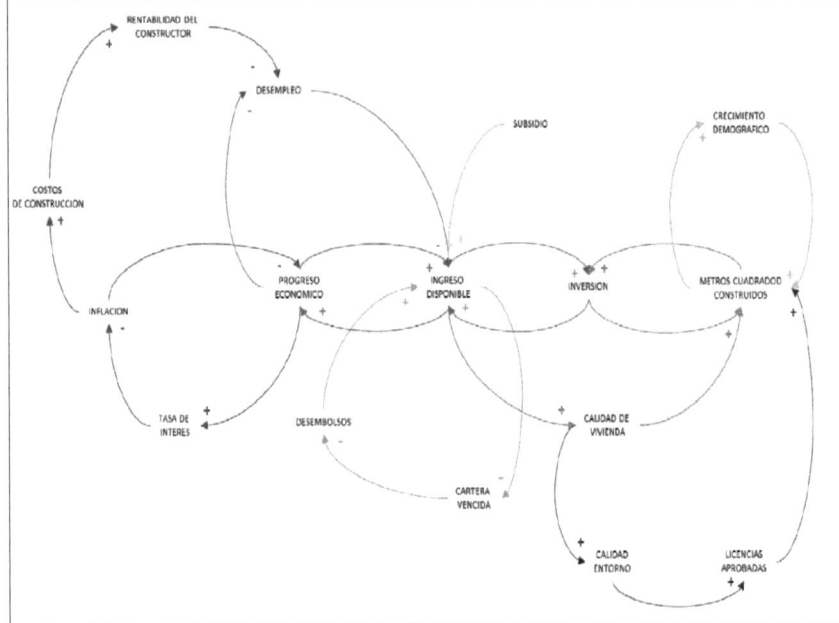

Fuente: Elaboración propia.

3. METODOLOGÍA Y VARIABLES

La oferta es la cantidad de un bien o servicio que las empresas están dispuestas a producir a un precio determinado y condicionado por una serie de factores: el precio del bien en análisis, los costes de producción y los objetivos empresariales, entre otras. Las dos primeras están incluidas cuantitativamente en este trabajo, mientras que los objetivos empresariales enmarcan el sector alrededor del cual se fundamenta este escrito, toda vez que no es lo mismo producir para un mercado con grandes expectativas de crecimiento, que para otro en el que las expectativas sean reducidas, cuánto mayores sean las expectativas, mayor será la oferta por parte de las empresas.

Este trabajo profundiza en la función de oferta del mercado inmobiliario, con el fin de analizar los comportamientos de las variables que sobre ella interactúan.

MODELO EMPÍRICO

Para muchos economistas, la vivienda además de ser catalogada como un bien necesario para los hogares, también puede ser utilizada como destino último de inversión o depósito de ahorro con el único fin de acumular riqueza, su estudio resulta complejo por la influencia de muchas variables que interactúan de múltiples maneras, sumado a que los efectos de los determinantes de la oferta de vivienda son persistentes en el tiempo y en muchos casos existen efectos de doble vía en la oferta de vivienda y sus determinantes. Por ejemplo, se sabe que el ingreso de los hogares determina la compra de vivienda, pero al ser la vivienda en sí misma un depósito de riqueza, cuando su precio aumenta, el ingreso de los hogares se puede ver afectado de manera rezagada.

Dado la naturaleza de los datos (series de tiempo), la cantidad de variables involucradas y la teoría macroeconómica que se tiene para soportar los resultados, una de las metodologías que más se ajusta al objetivo de esta investigación, corresponde a un modelo de Vectores Autorregresivos Estructural (SVAR). En él, muchas variables conjuntamente interactúan temporalmente, además algunas dependen de los rezagos de otras. Sin embargo, el SVAR se diferencia del modelo de Vectores Autorregresivos simple (VAR) en que en el primero se determinan algunas restricciones a priori siguiendo la teoría económica, como por ejemplo, la igualdad en el equilibrio entre la oferta y la demanda, lo que permite un mejor ajuste y provee un mejor marco de análisis de las interacciones que se buscan. Lütkepohl (2007) es una excelente guía para este tipo de modelos y será la base para el siguiente desarrollo empírico.

En particular, sea y_t un vector de k variables, A_i son matrices de parámetros de tamaño k x k, ϵ_t es un vector de choques que distribuye normal con media 0 y varianzas y covarianzas Σ y u_t es un vector de choques ortogonalizados, es decir, choques con media 0 y matriz de varianzas y convarianzas I_k. Se dice que y_t sigue un proceso SVAR si puede ser expresado como:

$$A\big(I_K - A_1 L - A_2 L^2 - \cdots - A_p L^p\big)y_t = A\epsilon_t = Bu_t \qquad (1)$$

Donde las restricciones de identificación serán consideradas en A y B, que son matrices de tamaño k x k. Como muestra Sims (1980), la descomposición de Cholesky es una forma de identificar correctamente las respuestas al impulso en el modelo representado por la ecuación (1). En ella es necesario que A sea una matriz triangular inferior y B sea una matriz diagonal.

Para el caso particular del precio de la vivienda en general para la ciudad de Medellín, el vector y_t está definido así:

$$y_t = \begin{bmatrix} Subsidio_t \\ Tasa\ de\ interés_t \\ Desembolsos_t \\ Ingresos_t \\ Costos_t \\ MetrosConstruidos_t \\ PrecioVivienda_t \end{bmatrix}$$

Las Variables Macroeconómicas o premisas básicas son una serie de pautas económicas, sociales, políticas y financieras que marca un escenario específico a corto plazo. Variables como subsidios, tasas de interés, desembolsos, ingresos, costos de construcción, metros construidos son la base fundamental del negocio inmobiliario, como se vio anteriormente, la dinámica del sector no solo depende de la situación macroeconómica del país, sino también del ambiente propio del sector inmobiliario medido en términos de costos de construcción y oferta disponible, todo ello reflejado en los beneficios para los constructores y que en última instancia determinan el precio de oferta.

A continuación se definen las variables que se utilizarán en el modelo de acuerdo a la oferta de vivienda

- Subsidios: históricamente los gobiernos han intentado incentivar la inversión subsidiando sus costos directamente a través de las tasas de interés, es así como recientemente se ha visto como la política del gobierno ha estado orientada a intervenir directamente y con mayor rapidez en la demanda agregada con el Fondo de Reserva para la Estabilización de la Cartera Hipotecaria FRESH, esto indudablemente motiva al constructor a lanzar su producto al mercado, dado que hay un incentivo a la demanda motivada por bajas tasas de interés.

- Tasa de interés: para el caso de la investigación se toma la DTF por tener estrecha relación con la tasa de intervención del Banco de la República, la cual fija las políticas monetarias del gobierno con el ánimo de intervenir en la economía. Tasa de interés que tiene impacto en los costos indirectos de los proyectos inmobiliarios afectando la rentabilidad de los mismos.

- Desembolso: el sistema de financiación de créditos hipotecarios y constructor es un indicador de la dinámica del sector. Crecimientos de este muestran apetito del sistema financiero por otorgar créditos dados las buenas expectativas en la economía. Los desembolsos de crédito constructor hacen parte fundamental de la viabilidad de un proyecto donde se deben asegurar los fondos suficientes para la construcción. La oferta de vivienda tiene gran dependencia en la consecución de recursos.

- Ingresos: los ingresos de las personas miden el nivel de consumo potencial en la economía, luego de cubrir necesidades básicas existirá un ingreso disponible reservado para la adquisición de vivienda.

- Costos: medido como índice de costos de construcción que afecta directamente la oferta de metros cuadrados, impactando directamente la rentabilidad y los precios de la vivienda.

- Metros cuadrados construidos: es la oferta real de vivienda en el periodo de estudio distinto a licencias aprobadas que se considera la oferta futura.

- Precio de la vivienda: los precios de venta de las viviendas de precio libre, tanto nuevas como de segunda mano, a lo largo del tiempo.

De acuerdo a la literatura revisada y a la caracterización del sector las variables de carácter demográfico (vivienda nueva y crecimiento poblacional, principalmente) son variables que crecen a tasas pequeñas y constantes cada año, lo que implica una baja variación, adicionalmente los hogares que más crecen son los de estratos más bajos, que perciben menores ingresos y a la vez, son los que acceden a Vivienda de Interés Social (VIS). Los estratos medio y alto, que son los que determinan el mercado de vivienda objeto de estudio, crecen a un ritmo muy lento. Por estos motivos a pesar de que en un principio, en el trabajo se consideró incluir variables de carácter demográfico, por las razones anteriores se determina no modelar variables demográficas y su impacto en la variación del mercado de vivienda. En términos teóricos, es más importante analizar cómo evoluciona el poder adquisitivo de los hogares más que el crecimiento del número de los mismos.

Por otro lado, la variable demográfica presente en la base de datos (Número de viviendas) está perfectamente correlacionada con los metros construidos. Esta correlación lleva a problemas de multicolinealidad, en el Cuadro 8, vivienda financiada vs metros construidos, por trimestre, se ve claramente que las variables se "correlacionan" perfectamente durante el tiempo, haciendo necesario escoger una de ellas. En este caso se considera los metros construidos como variable que mide las cantidades del mercado.

El mercado de vivienda puede ser descrito como una interacción entre la oferta y la demanda, que simultáneamente determinan las cantidades y los precios finales. Entre los determinantes fundamentales de la demanda están el ingreso de los hogares y las condiciones del mercado de crédito, es decir, los desembolsos y la tasa de interés real. Por el lado de la oferta el determinante principal es el coste de construcción y los subsidios otorgados por el gobierno. De esta manera, el mercado de vivienda está descrito por las ecuaciones (2) y (3):

$$p_t^d = \beta_0 + \beta_1 q_{t-1}^d + \beta_2 Ing_t + \beta_3 Tasa_t + \beta_4 Subsidio_t + \epsilon_t \qquad (2)$$

$$p_t^o = \alpha_0 + \alpha_1 q_{t-1}^o + \alpha_2 costos_t + \mu_t \qquad (3)$$

donde p_t^d y p_t^o son los precios de demanda y oferta, respectivamente, q_{t-1}^d y q_{t-1}^o son las cantidades construidas de vivienda en el periodo anterior, Ing_t es el ingreso disponible de los hogares, es decir, el ingreso neto de impuestos, $Tasa_t$ es la tasa de interés que rige en la economía, $Subsidio_t$ es el subsidio a la tasa de interés que se ha otorgado históricamente y

$costos_t$ es el índice de costos de construcción. Por último, μ_t y ϵ_t son errores bien comportados, con media cero y varianza constante.

El motivo de utilizar las cantidades construidas del periodo anterior es que si se utilizan las del periodo corriente se corre el riesgo de caer en problemas de simultaneidad, pues se sabe que los mercados determinan simultáneamente precio y cantidades. De esta manera se está controlando por la oferta de vivienda, mientras que se eliminan los problemas de simultaneidad.

Pueden tenerse a priori algunos signos esperados que se basan en la idea simple de un equilibrio parcial. El ingreso se espera que tenga una relación positiva con los precios, pues aumentos en el ingreso disponible de los hogares hace que se desplace la curva de demanda hacia la derecha, incrementando los precios. De la misma manera operan los subsidios del gobierno. Por su parte, los costos tienen una relación inversa con la oferta de vivienda, en la medida que aumentan los costos de construcción la oferta tiende a disminuir.

Inicialmente se estima primero por el método de Mínimos Cuadrados Ordinarios para estimar por separado las ecuaciones de oferta y demanda. Sin embargo, como este método puede presentar, de nuevo, problemas de endogeneidad, pues se sabe que los precios están determinados tanto por elementos de oferta como de demanda, por lo tanto, usando las ecuaciones previamente expuestas se estimará un sistema de ecuaciones por medio de Mínimos Cuadrados en 3 Etapas, que permite corregir la endogeneidad, simultáneamente a que provee una estimación robusta de la matriz de varianzas y covarianzas (Cameron y Trivedi, 2005).

En la tabla 5 se aprecia la correlación entre variables financieras, donde las cuatro variables: Cartera, Saldo de Capital, Desembolsos y Tasa de interés, están altamente correlacionadas, lo que implica que incluir las cuatro variables resultaría en cuatro mediciones muy similares, lo que termina quitándole poder explicativo al modelo por posibles problemas de multicolinealidad. Es más, estas variables financieras están altamente correlacionadas con la tasa de interés (de manera negativa). Es por esto que hay que escoger para los modelos una de las cuatro variables financieras, idealmente es la que esté menos correlacionada con la tasa de interés, para poder introducirlas en los modelos. Por tanto el SVAR considera la variable desembolsos como la medida del mercado financiero adicional a la tasa de interés. Además, la variable desembolsos puede explicar el comportamiento de la cartera vencida del sistema financiero, donde claramente los bancos limitan o expanden sus desembolsos de acuerdo a la calidad de la cartera.

Tabla 5. Correlación entre variables financieras

Correlación entre variables financieras				
	Cartera	Saldo de Capital	Desembolsos	Tasa de Interés
Cartera	1			
Saldo de Capital	0,9031	1		
Desembolsos	0,9409	0,9022	1	
Tasa de interés	(0,7205)	(0,7024)	(0,6521)	1

Fuente: Elaboración propia.

La tabla 6, estadística descriptiva de las variables de estudio, presenta información relevante sobre estas variables. Se dispone de información trimestral entre el primer trimestre de 2000 y el segundo trimestre de 2013. Como puede observarse, como era de esperarse, el índice de precios presenta una mayor desviación estándar (35.91) y un promedio mayor (107.9), comparativamente con el índice de costos de construcción, los cuales fueron de 12.57 y 97.11, respectivamente. El promedio de la tasa de interés para el periodo de estudio fue de 14.7%, aunque es importante anotar que la tasa mínima fue de 8.98%, por su parte, el promedio de la tasa de interés de susidio fue de 3.50% y el ingreso disponible promedio ascendió a 614,097 pesos. Así mismo, el promedio del valor de los créditos desembolsados ascendió a 433,897 millones de pesos.

Tabla 6. Estadística descriptiva de las variables de estudio

Variable	Media	Desviación Estándar	Valor Mínimo	Valor Máximo
Índice de Precios de Venta	107.96	35.91	68.24	186.15
Índice de Costos Construcción	97.11	12.57	82.54	116.68
Desembolsos	433,897	304,268.70	103,965	988,340
Tasa de Interés	14.70%	3.36%	8.98%	21.50%
Tasa de Subsidio	3.50%	2.41%	0.15%	7.97%
Ingreso disponible	614,097.80	197,343.20	355,754	911,441
Metros Construidos	64,119.35	23,453.75	28,662	116,727

Fuente: CAMACOL, DANE –2012, 2013.

4. RESULTADOS

Como es bien sabido, muchas series de la economía no son estacionarias, y por tanto presentan problemas para ser analizadas por medio de este tipo de modelos. Por ello es necesario, si la variable no es estacionaria, calcular la primera diferencia. El Anexo 1 muestra los resultados de las pruebas de estacionalidad realizadas sobre las variables de interés.

De acuerdo a los resultados, el vector y_t está conformado por la tasa de subsidios al crédito de vivienda, el crecimiento en la tasa de interés nominal, el crecimiento de los desembolsos crediticios, el logaritmo del ingreso disponible de los hogares, la inflación de costos de construcción, el crecimiento de los metros cuadrados de vivienda construidos y, por último, el cambio en los precios de la vivienda, que es la variable objeto de estudio.

De acuerdo a la teoría económica pueden establecerse las siguientes restricciones: la tasa de subsidios al crédito de vivienda es la variable más exógena pues es determinada por los hacedores de política. Ella impacta a la tasa de interés de la economía y a los desembolsos de crédito. El ingreso disponible de los hogares puede ser interpretado como una medida del estado macroeconómico de la región y como uno de los principales determinantes de la demanda. Está impactado por las tasas de interés y los desembolsos de crédito. A su vez, los costos de construcción están afectados por las variables descritas anteriormente.

Por último, los metros construidos y los precios de la vivienda están afectados por todo lo anterior, siendo esta última variable la más endógena, pues es la que se quiere explicar. El VAR estructural se estima con 4 rezagos, según la mayoría de los criterios de decisión[1]. Esto tiene mucho sentido teórico pues la frecuencia de los datos es trimestral.

En el Anexo 2 se encuentra la matriz de impacto estimada por el VAR estructural. Allí pueden verse las restricciones que se tomaron para lograr la identificación del SVAR. Sin embargo, como explica Sims (1980), estos estimadores son de difícil interpretación pues toman en cuenta todas las interacciones y efectos cruzados a través del tiempo. Es por ello que el SVAR es útil para obtener funciones de respuesta al impulso que sean ortogonales, es decir, que representen choques externos estandarizados que se reflejan a través del tiempo en una variable de interés.

Los modelos vistos, impiden mostrar comportamientos de largo plazo, o estructurales, que son importantes en el estudio del mercado de vivienda. Para ello es útil la estimación de un modelo conforme a la teoría económica.

Especial cuidado se debe tener con la estacionalidad de las series utilizadas. Como ya se vio en el Anexo 2, hay algunas series que no son estacionarias, por lo que podrían existir problemas de regresiones espurias. Sin embargo, si los residuales de las regresiones son estacionarios, quiere decir que existe una relación de largo plazo entre las variables que permite analizar las regresiones (Engle, 1987).

La tabla 7 presenta los resultados de las estimaciones explicadas y el Anexo 3 provee las pruebas de raíces unitarias de los residuales de las 3 estimaciones, confirmando que existe cointegración y por tanto la robustez de las regresiones.

---

[1] Adicionalmente el SVAR es estable, como muestra el gráfico de las raíces en el Anexo 4

Las columnas (1) y (3) muestran las estimaciones de la ecuación de oferta, mientras que las columnas (2) y (4), las de la ecuación de demanda. Como se dijo anteriormente, los resultados más importantes son los que arrojan las columnas (3) y (4), es decir, los del sistema de ecuaciones simultáneas.

Tabla 7. Estimaciones modelo estructural

Variable Dependiente: Precios de vivienda (ln)	(1) MCO	(2) MCO	(3) MC3E	(4) MC3E
Metros cuadrados construidos	0.343***	0.1436	0.334***	0.0536
	(0.054)	(0.087)	(0.0683)	(0.137)
Costos de construcción	1.082***		1.087***	
	(0.143)		(0.134)	
Ingreso disponible		0.471***		0.470***
		(0.086)		(0.097)
T. de Interés		-0.433***		-0.416***
		(0.121)		(0.143)
Subsidios		0.042***		0.042***
		(0.010)		(0.011)
Constante	-4.604	-0.618	-4.532	-0.648
	(0.509)	(1.335)	(0.399)	(1.553)
Observaciones	53	53	53	
R^2	0.91	0.92	-	

Errores est. robustos entre paréntesis. Estadísticamente significativo al ***1%, **5%

Fuente: Elaboración propia.

En primer lugar, como es de esperarse, existe una relación positiva entre los costos de construcción con los precios finales de la vivienda. Esta relación es muy cerca a la unidad, sin importar el mecanismo de estimación utilizado. Esto quiere decir que los constructores están incorporando los incrementos en los costos de los bienes intermedios en los precios finales de la vivienda pagados por los consumidores.

En segundo lugar, el determinante más importante en la demanda es el nivel de ingreso disponible de los hogares, que afecta positivamente los precios. Este efecto se ve acompañado del de los subsidios, siendo este mucho menor, lo que refuerza el comportamiento de los precios frente a los subsidios en el corto plazo, que se observa en la estimación del VAR estructural confirmando así la influencia limitada en magnitud y tiempo que tiene el gobierno en la estabilización del mercado de vivienda.

Por último, unido al efecto ingreso encontrado, está el efecto de la tasa de interés, presentando una relación inversa. Dado que el mercado de vivienda está muy relacionado con el mercado de crédito, entonces el efecto de la tasa de interés en la formación del precio de la vivienda es importante en su determinación.

Estas estimaciones están "basadas en los fundamentales", es decir, estimaciones que se basan en los determinantes teóricos de los precios para predecir y analizar su comportamiento. Es por ello que puede ser valioso analizar cómo se comporta el modelo frente a lo observado en la realidad.

El gráfico 6, resultados del modelo estructural, muestra los precios que predice el modelo, tanto para la oferta como para la demanda, y muestra también el precio observado. Es valioso resaltar que por lo general el precio observado se ubica entre el precio de oferta y el de demanda. Este hecho es importante puesto que teóricamente las interacciones entre estas dos fuerzas determinan los precios.

Además y en línea con lo mostrado en la sección anterior, puede verse que en los últimos trimestres de la muestra el precio observado supera a los precios de oferta y demanda, lo que puede ser una señal de desalineamiento de los precios frente a sus principales fundamentales. Este hecho, unido al resultado del pronóstico del VAR estructural, da indicios para empezar a pensar en una burbuja inmobiliaria. Esta ha sido también defendida por la Asobancaria (2013). Aunque en este aspecto deben tenerse en cuenta variables importantes como el nivel de la cartera y el ingreso disponible, cuyas variables han presentado un buen desempeño durante el periodo de análisis.

A pesar de que el modelo parece estar ajustándose bastante bien a lo que muestran los valores observados, hay que tener en cuenta que pueden existir otros fundamentales, por lo que es muy difícil controlar, como el precio del suelo. Por tanto sería útil poder incluir esta variable en investigaciones futuras.

Gráfico 6. Resultados del modelo estructural

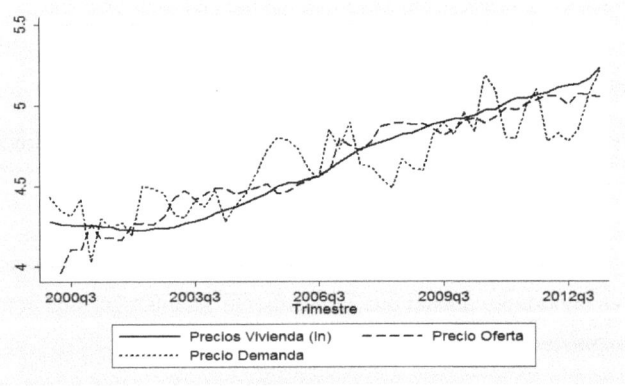

Por su parte, la estabilidad del modelo se verifica a través de círculo de raíces unitarias, el gráfico 7 corresponde a las raíces inversas del polinomio autorregresivo, y muestran que todos los valores se encuentran dentro del círculo unitario, lo que indica que el modelo es estable.

Gráfico 7. Raíces inversa del SVEC en relación al círculo unitario

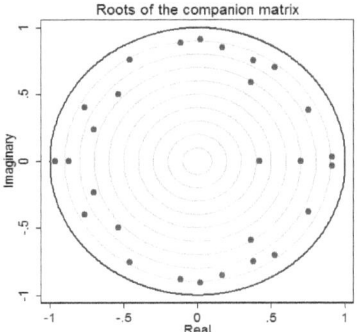

Fuente: Elaboración propia.

El gráfico 8 muestra las funciones de respuesta de los precios de la vivienda frente a choques exógenos en las otras variables de interés. Es decir la estimación de modelos impulso respuesta que puede explicar el comportamiento del precio de la oferta de vivienda.

**Gráfico 8. Funciones respuesta de precios de la vivienda frente a
choques exógenos en variables de interés**

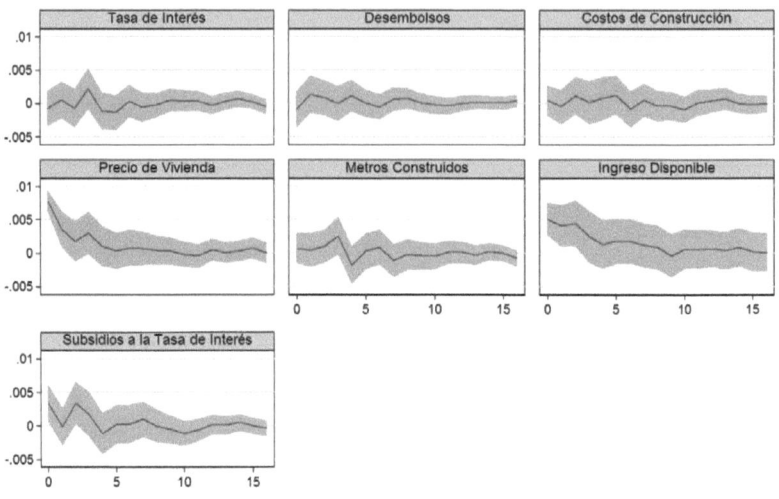

Fuente: Elaboración propia.

En los resultados se encontraron aspectos importantes a resaltar. En primera instancia se debe notar que la mayoría de las variables no tiene un efecto distinguible de cero en los precios en el corto plazo. Estos efectos se difuminan a través del tiempo.

En segundo lugar, puede verse que el ingreso tiene un impacto fuerte y persistente en los precios de la vivienda, lo que indica que es uno de sus principales determinantes. Otro hecho significativo es que los subsidios a la tasa de interés también resultan significativos, lo que podría llevar a concluir que los efectos del gobierno por dinamizar el sector de la vivienda realmente si dinamizan dicho sector, aunque únicamente en el corto plazo, como se ve en el gráfico 8.

Además, para revisar que tan bien se ajusta el modelo realizado a lo observado en los datos, el SVAR nos permite realizar pronósticos. El gráfico 9 exhibe el pronóstico para el crecimiento en los precios, que es la variable de interés. Puede observarse que el pronóstico sigue bastante bien a los precios observados y que en la gran mayoría de los trimestres no supera los límites del intervalo de confianza. Sin embargo, puede observarse también que en los últimos dos trimestres el precio observado ha ido subiendo aceleradamente hasta superar el intervalo de confianza. Este hecho puede ser un indicio de una burbuja especulativa pues los controles puestos en el SVAR no logran capturar y pronosticar este crecimiento acelerado.

Gráfico 9. Pronóstico para el crecimiento en los precios

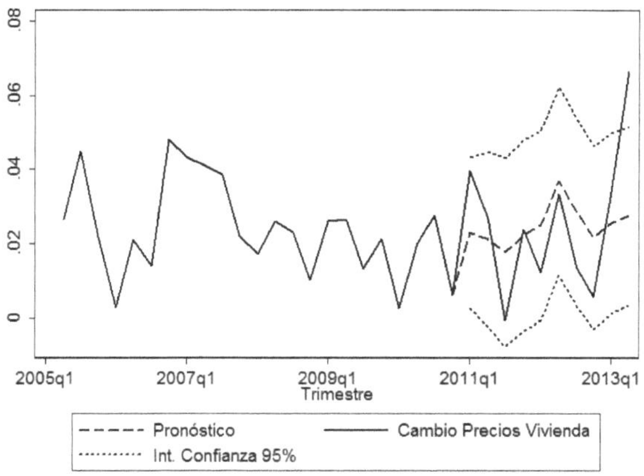

Fuente: Elaboración propia.

5. CONCLUSIONES Y RECOMENDACIONES

Como era de esperarse existe una estrecha relación directa entre los costos de construcción y los precios finales de oferta, explicados por el traspaso de incrementos en costos directos al consumidor final reflejado en un mayor precio. Para el periodo de estudio 2000 a 2013, mientras que el índice de precios presenta una mayor desviación estándar (35.91) y un promedio mayor (107.9), el índice de costos de construcción, ascendieron a 12.57 y 97.11, respectivamente. Además se verifica la relación inversa entre la tasas interés y el precio de oferta en el mercado de vivienda, como era de esperarse los costos financieros inciden directamente en la oferta de vivienda.

En las predicciones del modelo se resalta la ubicación del precio observado entre los precios de oferta y demanda, lo que explica las interacciones de ambos en la determinación de los precios. Se observa también cómo en los últimos trimestres el precio observado supera los precios de oferta y demanda lo que podría eventualmente ser explicado por una posible burbuja inmobiliaria. No obstante, el comportamiento de la cartera y el ingreso disponible, cuyas variables son determinantes cuando se habla de una burbuja inmobiliaria, para la Ciudad de Medellín, presentan un buen comportamiento.

En el corto plazo, es importante evaluar el poder adquisitivo de los hogares más que el crecimiento del número de hogares, esto permite establecer, que los hogares con un mayor crecimiento son los de estratos más bajos, debido a que la política pública se ha concentrado a subsidiar más esta población, sin desconocer que los estratos medio y alto, aunque crecen a un ritmo menor, son los que determinan el mercado de vivienda. En este sentido dado el papel que desempeñan los subsidios a la tasa de interés en el sector constructor, sería importante determinar una política clara y eficiente para la asignación de dichos subsidios para que no se terminen convirtiendo en actos populistas de los políticos de turno.

El impacto del mercado financiero en el mercado de vivienda, están altamente correlacionadas. El análisis de las variables relacionadas con desembolsos, cartera y saldo de capital, determinan que solo debe considerarse la variable desembolsos al modelo estimado para evitar posibles problemas de multicolinealidad.

Los choques más significativos para determinar el valor de la vivienda, son los ingresos de las familias y el ingreso disponible de los hogares. En el estudio se pudo evidenciar que los metros construidos no influyen en el precio, de acuerdo a la función de demanda, adquirir la vivienda puede ser por necesidad de las personas o como alternativa de inversión,

Para futuros estudios, es importante incluir otras variables, como el costo del suelo, la cual explica el precio de la oferta. Hay ciudades en Colombia como Bogotá que la oferta de vivienda depende sustancialmente de la disponibilidad de tierras y su valor, que en muchos casos hace inviable los proyectos reduciendo la oferta y encareciendo los precios. Asimismo es importante establecer si la variable homicidios, que en este estudio no presentó un impacto estadísticamente significativo, puede tomarse como base importante para la formación del precio de la vivienda en sectores específicos de la ciudad.

6. REFERENCIAS

Asobancaria (2013). El premio Nobel de Economía y la eventualidad de una burbuja en el mercado de vivienda. Semana económica. 12 de octubre.

Cameron, A. y Trivedi, P. (2005). *Microeconometrics: Methods and Applications.* Cambridge University Press.

Johansen, S. (1988). Statistical analysis of cointegration vectors. Journal of Economic Dynamics and Control, 12, 231–254.

Lütkepohl, H. (2007). *New Introduction to Multiple Time Series Analysis.* New York: Springer.

Salazar, N., Steiner, R., Becerra, A. y Ramírez, J. (2013). Los efectos del precio del suelo sobre el precio de la vivienda para Colombia. Ensayos sobre Política Económica, 19-65.

Sims, C. (1980). Macroeconomics and reality. Econometrica, 48, 1-48.

Banco de la Republica de Colombia. (2012). Recuperado de: http://www.banrep.gov.co/

Bouillon, C. (2012) .Editor. "*Un espacio para el desarrollo. Los mercados de vivienda en América Latina y el Caribe.*"

CAMACOL. (2009b). "Ciclos de la actividad edificadora en el mundo y en Colombia". Informe Económico 17. Recuperado de: Http://camacol.org

CAMACOL. (2012). "De vuelta a las regiones. Transformación del mercado regional de vivienda en una visión de mediano plazo". Informe Económico 43. Recuperado de: Http://camacol.org

CAMACOL, Regional Antioquia. (2012). Estudio de Actividad Constructora: oferta de edificación, Valle de Aburrá, Oriente cercano y Occidente medio.

CAMACOL, Regional Antioquia. (2012). Determinantes de la actividad edificadora en Colombia. Informe económico No 11. Recuperado de: http://www. camacol.co/sites/default/files/.../EE_Coy20081201052713.pdf

CAMACOL, Regional Antioquia. (2009). Ciclos de la actividad edificadora en el mundo y en Colombia. Informe económico No 17. Recuperado de: http://www. camacol.co/sites/default/files/.../EE_Coy20090707115723.pdf

CAMACOL. (2008a). El sector de la construcción en Colombia: hechos estilizados y principales determinantes del nivel de actividad. Recuperado de: Http://camacol.org

CAMACOL, Regional Antioquia. (2008). Sector de la construcción en Colombia: hechos estilizados y principales determinantes del nivel de actividad. Departamento de estudios

CAMACOL. (2008b). "Determinantes de la actividad edificadora en Colombia". Informe Económico 11. Recuperado de: Http://camacol.org

CAMACOL. Estadísticas Económicas. Recuperado de: http://www.camacol.co/sites/default/files/.../EE_Inv20081119101141_0.pdf

Cardenas, M., Hernandez, M. (2006). El sector financiero y la vivienda. Estudio realizado por Fedesarrollo para Asobancaria, Recuperado de: http://www.fedesarrollo.org.co/.../El-Sector-Financiero-y-la-Vivienda-M.-C.

Clavijo, S., Janna M., y Muñoz S. (2004). La vivienda en Colombia: Sus determinantes Socio Económicos y Financieros. Recuperado de: http://www.banrep.gov.co/documen/ftp/borra300.pdf.

DANE. (2012). Estadísticas. Retrieved from http://www.dane.gov.co/.

DANE. (2013). ÍNDICE DE COSTOS DE LA CONSTRUCCIÓN DE VIVIENDA.

Departamento Nacional de Planeación. (2010) "Ciudades Colombianas: caracterización, oportunidades y desafíos". Recuperado de: http://www.dnp.gov.co/programas/viviendaaguaydesarrollourbano

Duca, J. V., Muellbauer, J., y Murphy, A. (2011). House Prices and Credit Constraints: Making Sense of the US Experience*. The Economic Journal, 121(552), 533–551. doi:10.1111/j.1468-0297.2011.02424.x

FEDESARROLLO (2012). "Evolución reciente de los precios de vivienda en Colombia". Tendencia Económica 118.

Ministerio de Vivienda. (2012) "Leyes relacionadas con el desarrollo territorial" Recuperado de: http://www.minvivienda.gov.co/contenido/contenido.aspx?catID=1256yconID=7744

Observación, O. M. (2010). Demografía del Valle de Aburrá. Medellín.

Peláez, J. (2011) "El sector edificador en Cali: caracterización económica y aproximación a sus principales determinantes". Economía, gestión y desarrollo. N 167 9 -37 junio.

Kim, Y. (2007). Accounting for Housing Rent-Price Ratios, 1975-2004 (SSRN Scholarly Paper No. ID 1022226). Rochester, NY: Social Science Research Network. Recuperado de: http://papers.ssrn.com/abstract=1022226

Saldarriaga, E. (2006). Determinantes del sector de la construcción en Colombia. Recuperado de: http://www.camacol.co/sites/default/files/.../EE_Inv20081119101141_0.pdf

7. ANEXOS

Anexo 1. Pruebas para raíces unitarias de las variables

Variable	Estadístico del Test	
	Dickey-Fuller	Phillips-Perron
Índice de Precios de Venta	3.116	2.061
r IPV	-3.652***	-3.546***
Índice de Costos de Construcción	-1.278	-0.753
r ICC	-13.823***	-15.949***
Metros Construidos	-1.584	-1.385
r Metros Construidos	-9.507***	-10.149***
Ingreso Disponible	-3.538***	-3.371**
Tasa de Interés Nominal	-1.615	-1.825
r T. de Interés Nominal	-5.22***	-5.234***
Tasa de Interés Real	-2.262	-2.348
T. de Interés Real	-5.072***	-5.095***
Tasa de Subsidio	-4.186***	-4.122***
Desembolsos Crédito	-0.269	-0.333
r Desembolsos Crédito	-6.601***	-7.051***

Estacionaria al: ***1%; *5%

Fuente: Elaboración propia.

Anexo 2. Nivel de variables

Subsidio	Tasa de Interés	Desembolso	Ingreso	Costos de Construcción	Metros Construidos	Precios de Vivienda	
1	0	0	0	0	0	0	Subsidio
0.0871	1	0	0	0	0	0	Tasa de Interés
-0.0132***	0.0071	1	0	0	0	0	Desembolso
-0.0022	0.0068	-0.7368	1	0	0	0	Ingreso
0.0011	-0.0042***	-0.0319	0.0077	1	0	0	Costos de Construcción
-0.0534***	-0.0225	1.2168***	-0.2132***	-2.3943	1	0	Metros Construidos
-0.0038***	0.0016	0.0476	-0.0324***	-0.0439	-0.01	1	Precios de Vivienda

Errores estándar robustos entre paréntesis. Estadísticamente
significativo al ***1%, **5%, *10%

Fuente: Elaboración propia.

Anexo 3. Test de Dickey Fuller para raíces unitarias

Test de Dickey Fuller para raíces unitarias	
Variable	Estadístico
Residuales Ecuación de Oferta	-3.407***
Residuales Ecuación de Demanda	-4.416***
Residuales Sistema de Ecuaciones	-3.488***

Fuente: Elaboración propia.

Anexo 4. Variable Dependiente: Precios de vivienda (ln)

Variable Dependiente: Precios de vivienda (ln)	-1	-2	-3	-4
	MCO	MCO	MC3E	MC3E
Metros Construidos	0.343***	0.1436	0.334***	0.0536
	-0.054	-0.087	-0.0683	-0.137
Costos de Construcción	1.082***		1.087***	
	-0.143		-0.134	
Ingreso		0.471***		0.4702606
		-0.086		-0.097
T. de Interés		-0.433***		-0.416***
		-0.121		-0.143
Subsidio Tasa		0.042***		0.042***
		-0.01		-0.011
_cons	-4.604	-0.618	-4.532	-0.648
	-0.509	-1.335	-0.399	-1.553
Observaciones	53	53	53	
R^2	0.91	0.92	-	
Errores estándar robustos entre paréntesis. Estadísticamente significativo al ***1%, **5%, *10%				

Fuente: Elaboración propia.

AUTORES

JOHN J. GARCÍA

Profesor Titular e investigador del Departamento de Economía de la Escuela de Economía y Finanzas de la Universidad EAFIT. Ph.D en economía y magíster en investigación económica de la Universidad Autónoma de Barcelona. Economista y Magister en economía de la Universidad de Antioquia. Entre sus temas de interés, publicaciones y trabajos realizados están la organización industrial y la microeconomía, especializado en el sector energético y construcción. Estuvo como visiting PhD student en City University London en 2008. Fue consultor para el Banco Interamericano de Desarrollo – BID entre 2000 – 2002, profesor asociado en la Universidad Pompeu Fabra, profesor catedrático en la Universidad de Antioquia y la Universidad Nacional de Colombia, asistente de investigación en la Universidad Autónoma de Barcelona en 2006. Recibió el premio a la Excelencia Europea, Best EEM12 paper prize in European Energy Market, 2012, por su investigación Regulatory Reform and Corporate Control in European Energy Industries.

ESTEBAN POSADA

Gerente Estructuración y Constructor en Colpatria, Colombia. Magister en Economía, Universidad EAFIT. Ingeniero Administrativo, Universidad Nacional de Colombia.

ALEJANDRO TISSHNES

Coordinador Comercial Bancolombia, Magister en Economía, Universidad EAFIT. Ingeniero Administrativo, Escuela de Ingeniería de Antioquia.

MATEO URIBE CASTRO

Economics Ph D (C) University of Maryland. Economista Universidad EAFIT. Investigador Universidad EAFIT. Recibió el premio a Estudiantes Destacados en Investigación por la Alcaldía de Medellín en 2013.

Printed by Books on Demand GmbH, Norderstedt / Germany